# 神秘的玛雅

## 美洲

【美】查理·萨缪尔斯 著

张 洁 译

中国中福会出版社

# 目 录
## CONTENTS

# 探秘地图

梅萨维德的"悬崖宫殿"（P30）

特奥蒂瓦坎（P25）

特诺奇蒂特兰城（P38）

大蛇丘（P22）

陶斯普韦布洛（P34）

巴加尔墓地（P7）

# 这本书主要讲什么？

早在欧洲人来到美洲的几个世纪前，美洲的原住民们已经是出色的建造者。

16世纪初期，第一批西班牙人到达美洲，当他们看到阿兹特克帝国和印加帝国的城市时，都感到非常惊奇。尽管在许多早期的美洲文明中，并没有建造石头的建筑，多数人过着游牧的生活，这导致他们留下的记录很少，但在位于今美国西南部的沙漠里、墨西哥南部与中美洲的丛林中以及安第斯山脉附近，当时居住在那里的人们已经具有了很高的手工艺水平。他们以非凡的创新能力来适应恶劣的生存环境。

你会发现，科技并不是大踏步地前进的，而是在一系列微小改进的基础上逐步发生改变的。

**中美洲** 墨西哥以南、哥伦比亚以北的美洲中部地区（有时也把西印度群岛和墨西哥包括在内）。

**帝　国** 一大片由国王或女王统治的领土。

公元7世纪左右，玛雅人在墨西哥南部的帕伦克城为巴加尔国王建造了这座坟墓。

阿兹特克人的"活人献祭"令西班牙人震惊。活人献祭品在金字塔顶部被杀死，随后人们将他们的尸体从高空抛下。

## 三个强大的帝国

本书的时间跨度约为公元前 1500 年到约 1550 年，主要讲述墨西哥的玛雅帝国、阿兹特克帝国和秘鲁的印加帝国古代科学技术的发展。公元 10 世纪，玛雅帝国衰落了。后来阿兹特克帝国和印加帝国相继兴起。

1519 年西班牙人到达墨西哥，1532 年又到达秘鲁，终止了阿兹特克帝国和印加帝国。这两个文明帝国的国力因为政治分裂而受到削弱，又面临西班牙人火药武器的威胁，最终都灭亡了。

这本书将介绍在欧洲人到达美洲之前，那里的人们所使用的一些非凡的科技。

# 不可不知的背景知识

跟其他古代文明相比，美洲文明出现的时间相对较晚。但在 15 世纪和 16 世纪强大的阿兹特克帝国和印加帝国崛起之前，其他的美洲文明已经在科技成就上达到了很高的水平。这包括玛雅文明，它早在公元前 1500 年就已出现。到公元 9 世纪中期时，玛雅文明基本消亡了。阿兹特克人和印加人采用了这些早期文明的先进技术。比如阿兹特克人就采用了玛雅人的历法和文字。

奥尔梅克人在岩石上雕刻巨大头像。这些头像可能代表了参加神圣的球赛的人。

# 奥尔梅克人、托尔特克人和莫切人

墨西哥的奥尔梅克人（公元前1200年 – 公元400年）建造巨大的土丘，作为祭祀活动的中心。他们没有轮式运输工具，却能搬运巨大的天然圆石，可能是在湖泊和河流中利用木筏进行运输的。后来的人们不再建造土丘，而是用石头建造金字塔。托尔特克人（约公元900年 – 1200年）在墨西哥中部的都城图拉，是围绕着一个阶梯形金字塔神庙建造的。他们还建造巨大的玄武石雕像，称作查克穆尔雕像。在公元2世纪至公元8世纪，秘鲁的莫切人兴盛起来。他们种植农作物，并建造水渠用于灌溉。他们用芦苇船作为交通工具。这些技术后来也被阿兹特克人和印加人采用。

**历 法** 用年、月、日计算时间的方法。

**金字塔** 一个尖顶的四边锥形建筑。

墨西哥的特奥蒂瓦坎金字塔可追溯到公元1世纪。1400多年后，阿兹特克人认为它们是神建造的。

# 古代美洲人的食物

收割玉米

早期的玉米穗轴仅2.5厘米长（左一）。经过5000年的耕作培育，才发展成现在玉米穗轴的样子。

农耕是中美洲人生活的基础。西班牙人到达美洲的时候，中美洲人是世界上最先进的农耕者。他们种植的食用作物后来被推广到世界其他地方，比如马铃薯。玉米是最重要的农作物，它既能作为食物，又能用来酿造啤酒。

人们的耕作方式取决于他们所居住地区的环境。在高山地区，印加人在陡峭的山坡上开垦梯田进行耕种。在墨西哥低地，阿兹特克人在沼泽和湖泊上造浮田，以便获得更多的土地。所

羊毛的婴儿背袋

用石斧收割玉米

谓浮田，是通过在水面铺上芦苇，再在上面铺上肥沃的泥土形成的。阿兹特克人使用挖掘棒，或一种叫作"维克特里"的工具来播种。

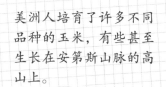

美洲人培育了许多不同品种的玉米，有些甚至生长在安第斯山脉的高山上。

## 玛雅人的农耕

玛雅人在尤卡坦半岛建造了排水渠，修造类似阿兹特克浮田那样的农田。他们使用挖掘棒和石锄来翻土。他们在田间的垄上种植玉米，在垄与垄之间的沟里种植豆类和南瓜。

# 你知道吗？

1 所有的中美洲文明都不使用犁。农民用质地坚硬的木材做成挖掘棒来翻土。

2 阿兹特克人不用牲口劳动，他们全靠人力劳作。

3 玛雅人会在煮玉米的水里加入石灰或者是碾碎的蜗牛壳，一起煮熟。因为玉米中含有的化学物质烟酸会让人得糙皮病，这是一种维生素缺乏症。

4 印加人通过冷冻来储存马铃薯。夜晚，他们将马铃薯露天放在寒冷的山上。白天马铃薯解冻后，他们就在上面行走，挤干马铃薯中的水分。几天后，这种马铃薯（或称为"丘纽"，即冻干的马铃薯）就能储存一年以上。

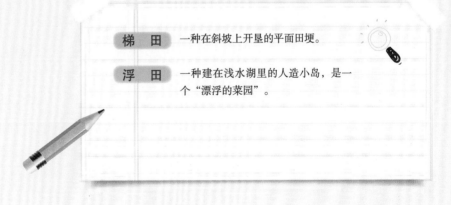

| 梯　田 | 一种在斜坡上开垦的平面田埂。 |
| --- | --- |
| 浮　田 | 一种建在浅水湖里的人造小岛，是一个"漂浮的菜园"。 |

# 梯田和灌溉

印加人住在安第斯山脉高地上，那里土地贫瘠，山地陡峭，不适宜种植农作物。为了解决这个问题，印加人在陡峭的山坡上开垦梯田。印加人和美洲其他居民还开凿水渠用以灌溉农作物。

开垦梯田不仅能获得更多的土地，而且还能让土壤免受风雨的侵蚀。印加人在山坡上凿挖出狭窄的阶梯通道，通道两侧用石墙进行支撑。

这些狭窄梯田是印加人在安第斯山脉高地的马丘比丘古城开垦的。

在为数不多的平坦谷地，印加人将乌鲁班巴河这样的河流改道，以便灌溉农田。

## 开凿水渠

　　为了灌溉梯田，印加人在山坡上开凿水渠。在北美洲，索诺兰沙漠的霍霍坎人（约公元 200 年—1400 年）开凿水渠引水灌田。他们利用围堰来控制吉拉河的水流。

# 你知道吗？

1. 在 16 世纪印加帝国的鼎盛时期，梯田覆盖了 10000 平方公里的土地。

2. 石头的挡土墙使得土壤在寒夜保持温暖，这有助于延长农作物的生长季节。

3. 印加梯田蓄水功能良好。雨季过后，土壤能保持湿润长达 6 个月。

4. 印加人将土壤和小石子混合在一起使用，否则土壤会在雨后膨胀，冲破挡土墙。

5. 印加人用混合了水泥、石灰、沙和水的灰浆来建造水渠。

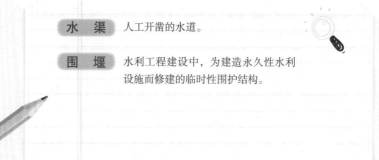

**水 渠**　人工开凿的水道。

**围 堰**　水利工程建设中，为建造永久性水利设施而修建的临时性围护结构。

# 古代北美洲的土丘建筑

大约在公元前 1000 年，北美洲部分地区出现了定居的农耕居民。他们依旧采集野生植物，但也种植农作物。其中的一些居民建造了巨大的土堆，可能是用作坟墓，或者是为了宗教仪式的用途。土丘建筑持续了大约 2000 年的时间。当时，多达 1 万人居住在卡霍基亚这个定居点，它位于今天美国的密苏里州。

大约在 1100 年左右，卡霍基亚达到鼎盛时期，一共有 100 多个土丘。其中最大的是僧侣墩（僧侣丘），这是一个带有四级平台的平顶建筑。

圆锥形土丘

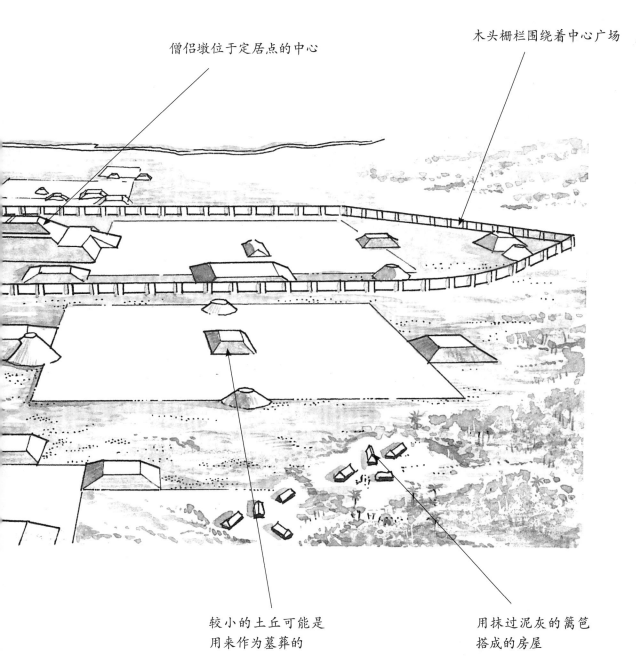

僧侣墩位于定居点的中心

木头栅栏围绕着中心广场

较小的土丘可能是
用来作为墓葬的

用抹过泥灰的篱笆
搭成的房屋

## 大蛇丘

1070 年，当地人在位于今美国俄亥俄州的地方，沿着蜿蜒的地表建造了一座土丘，形状像一条长长的蟒蛇。大蛇丘可能具有天文学的意义，因为"蟒蛇"身体蜷曲的方向和春分、秋分、夏至、冬至这些节气的日出日落位置在一条直线上。在今美国密西西比州的翡翠丘，纳齐兹人为了建造一个大型平台，甚至夷平了一座小山。

大蛇丘可能具有天文学用途，因为它似乎对准了太阳在一年中几个重要日子里的位置。

# 你知道吗？

① 土丘建造者没有运输车，也没有驮兽，他们用箩筐来搬运泥土。

② 卡霍基亚的僧侣墩由 60 万立方米的泥土建成。

③ 在翡翠丘顶部的平台上建有两个平顶的泥土金字塔，其中较大的一个金字塔高达 10 米。

④ 如果大蛇丘是在 1070 年建成的，那么它可能标志着两个天文事件：一是 1054 年一颗超新星的爆炸，二是 1066 年哈雷彗星的出现。

# 古代中美洲的金字塔和塔庙

太阳金字塔

中央市场

月亮金字塔

古代埃及人建造了著名的金字塔，几千年之后，中美洲人也建造了自己的阶梯形金字塔，或称为金字形神塔。埃及金字塔和中美洲金字塔都具有宗教用途，但它们之间并没有什么关联。如何建造高层建筑？古代埃及人和古代中美洲人想出了同一个解决方案。

公元 9 世纪到 12 世纪之间，为了敬奉库库尔坎神，玛雅人在奇琴伊察建造了这个金字塔。

## 一系列的金字塔

大约在公元前 900 年，奥尔梅克人在拉文塔建造了美洲最早的金字塔。之后，玛雅人用石砖建造了阶梯形金字塔，它们的阶梯十分陡峭。这些金字塔顶部建造的是神庙。公元 1 世纪，在墨西哥的特奥蒂瓦坎，建造了太阳金字塔和月亮金字塔。它们矗立在一条由小型金字塔排成一列的大道上。阿兹特克人在他们的首都特诺奇蒂特兰城的中心建造金字塔。祭司在金字塔顶部的祭坛上向神献祭囚犯。

# 你知道吗？

① 奥尔梅克人相信金字塔是通达天堂的圣山。

② 玛雅古城提卡尔有 6 座高大的金字塔，每座顶部都有一座神庙。

③ 玛雅金字塔代表了玛雅人宇宙的三界：地狱、人间和天堂。

④ 在特奥蒂瓦坎，活人献祭品被埋葬在月亮金字塔的地基里。

⑤ 特奥蒂瓦坎的太阳金字塔高达 64 米，底部宽 220 米，长 232 米。

| | |
|---|---|
| **塔 庙** | 一种阶梯式金字塔形建筑，顶端是一个平台。 |
| **祭 司** | 在宗教活动或祭祀活动中，为了祭拜或崇敬所信仰的神，主持祭典，在祭台上为辅祭或主祭的人员。 |
| **祭 坛** | 祭祀用的台。 |

# 古代北美洲的悬屋

　　大约在公元 6 世纪，游牧民族阿纳萨齐人以群居的方式定居在北美洲的西南部。玉米改变了阿纳萨齐人的生活方式。阿纳萨齐人居住的地区现在被称为四角区，位于今天美国科罗拉多州、亚利桑那州、新墨西哥州和犹他州的交接地带。出于防卫的目的，他们把房屋建造在高高的悬崖上。

　　早期的阿纳萨齐人居住在用土坯或泥砖建造的房屋里。有些房屋是部分向地下挖洞穴而建的。到公元 13 世纪时，他们居住在最高可达四层楼的石头房屋里。在房子的第一层，既没有窗也没有门。房屋的入口建在屋顶上，他们通过梯子爬上去。

这个位于今美国亚利桑那州谢伊峡谷的"白宫"，是阿纳萨齐一支部落的共同居住地。

## 悬崖上的家

  在梅萨维德，阿纳萨齐人在悬崖壁的浅层洞穴和突出的岩石上建造房屋。这些房屋通过梯子才能进入。建造者没有金属工具。他们利用附近河床中较为坚硬的石块，将砂岩凿击成建筑用的砂岩砖。

梅萨维德的"悬崖宫殿"被庇护在一个悬岩下。圆形的建筑物被称为"大地穴"，是用来进行宗教活动的。

# 你知道吗？

1  土坯是由沙、黏土和混合了稻草的水制成的。阿纳萨齐人用框架将混合物定形，并在太阳下晒干。

2  阿纳萨齐人被称为"编筐人"，因为他们用篮筐来烹饪食物，而不是使用黏土锅或者金属锅。

3  在查科峡谷，普韦布洛博托尼的"大房子"有多达 800 个房间。

4  在梅萨维德，有些古代遗址坐落于高高的悬崖上。阿纳萨齐人可能使用绳梯，或是在岩石上开凿立足点，才能攀登上去。

游　牧　不在一个地方定居，随着水草情况的变化而变换地点放牧牲畜。

土　坯　把黏土和成泥放在模型里制成的土块，多为长方形，可以用来盘灶、盘炕、砌墙。

普韦布洛　一种建造在今美国西南部的公共建筑，使用的材料是土坯。也用来表示建造这个公共建筑的人。

# 普韦布洛村庄

这是什么?

普韦布洛博托尼是位于今美国新墨西哥州查科峡谷的最大的居住区。它像一个巨大的字母D，曲线形的背面面向峡谷的峭壁，人们只能通过梯子才能出入。它至少拥有800间相互连接的房间，这些房间分布在不同的楼层上。在公元12世纪它达到鼎盛时期，可能容纳了多达1200人同时居住。

古代美洲人用那些他们容易获取到的材料建造房屋。

中美洲低地和西南部的沙漠地区雨水稀少，泥砖或土坯是主要的建筑材料。

阿兹特克人和玛雅人用石头建造公共设施，比如神庙和宫殿。

阿兹特克人利用土坯建造平房。土坯是由晒干的泥土和草秆制成的。所有的房屋都有一个大房间，屋顶用编织的草席覆盖。

有着大地穴（用作会堂）
的中央广场

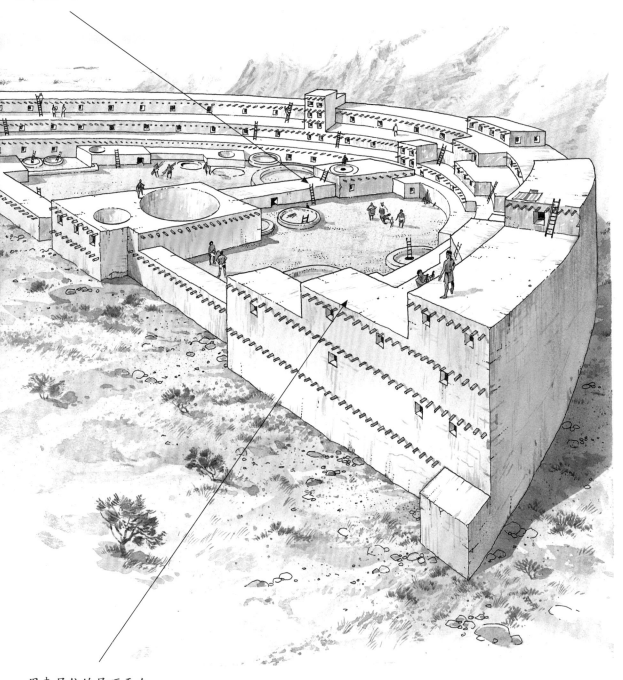

用来居住的屋顶平台

位于今美国新墨西哥州的陶斯普韦布洛，是陶斯人在 1000 年前建造的。从那时起就一直有人居住在里面。

## 普韦布洛建筑

在北方，普韦布洛人深受墨西哥技术的影响。

阿纳萨齐人建造"大房子"，或是大型公共建筑，每座公共建筑都拥有很多住所，最大的房子可容纳几千人居住。这些房子的入口建在屋顶平台上，人们通过梯子进入房间。圆形的深坑被称为"大地穴"，它们是向地下挖洞而建的，用途是举行宗教仪式。

# 你知道吗？

1. 阿兹特克人用芦苇编成垫子，睡觉时铺在地面上；他们还用芦苇编成箱子，用来存放衣服。而印加人则没有家具。

2. 玛雅人将石灰岩燃烧 36 个小时，使其化成粉末。再将这种粉末和水混合，制成灰泥。玛雅人用灰泥粉刷他们的普韦布洛房屋。

3. 普韦布洛博托尼遗址的原始入口非常狭窄，后来被完全堵塞了。

4. 在普韦布洛人的房屋中，位置较低的房间没有窗户，它们可能是用于储藏的。

# 阿兹特克帝国的首都
## ——特诺奇蒂特兰城

1519 年，当西班牙征服者第一次见到阿兹特克帝国的首都特诺奇蒂特兰城时，他们简直不能相信自己的眼睛。这座城市结构复杂、规模宏大，远远超过了当时欧洲的任何一座城市。它建造在墨西哥谷特斯科科湖中的沼泽小岛上。

为了能在沼泽地上建造房屋，阿兹特克人建造了人工岛。他们先用围栏围出一片沼泽地，在里面铺上

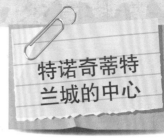

双神庙金字塔

展示活人献祭品头颅的刑架

这幅图片描绘的是特诺奇蒂特兰城的宗教仪式中心，以及将这个中心与特斯科科湖湖岸连接起来的堤道。

芦苇，再在上面垒上石头，形成地基。阿兹特克人将湖泊里的淤泥堆积在上面，形成人工岛，或者叫土丘。

## 岛上的建筑

阿兹特克人修建了两条陶制的水渠，将淡水引到岛上。人们可以通过三条堤道进入小岛。只有在小岛中心的地区，土地才足够坚固，能够支撑石头建筑。重要的神庙和宫殿都坐落在那里。普通人居住在只有一个房间的土坯平房里。

# 你知道吗？

1. 阿兹特克人在堤道的中部建造了桥梁，当需要保卫城市时，可以将桥梁向上吊起。

2. 人们利用独木舟在城市的水道里航行。

3. 西班牙人声称这些堤道非常宽阔，能一次容纳 10 匹马并列通行。

4. 位于城市中心的阿兹特克大神庙一共重建了 7 次。每一次都是在原来的神庙的基础上重建。巨大的重量导致它最终沉入了特斯科科湖的淤泥中。

5. 现在的墨西哥城就是在特诺奇蒂特兰城的基础上建立的。

6. 阿兹特克人用公共厕所中的人类粪便给农作物施肥。

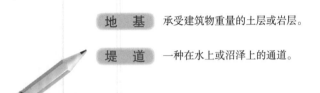

地　基　承受建筑物重量的土层或岩层。

堤　道　一种在水上或沼泽上的通道。

# 神秘的纳斯卡线条

纳斯卡线条是如何规划出来的?

纳斯卡线条覆盖了 500 平方公里的面积, 最长的一幅图案长度超过了 8 公里。有些线条和一年中重要日子的日落位置一致, 比如冬至, 它是一年中北半球白昼最短的一天 (12 月 22 或 23 日)。图案的挖刻者可能从附近的小山上勘测和设计了这些线条, 因为如果直接在沙漠的地面上, 根本不可能绘出这些形状。

在公元前 100 年和公元 800 年之间, 秘鲁南部的纳斯卡文化兴盛和繁荣起来。令纳斯卡人闻名于世的, 正是他们在纳斯卡沙漠的坚硬表面上描绘的巨型图案。这些图案的用途至今仍是一个未解之谜。纳斯卡人也是技术熟练的制陶匠和纺织工。

线条和太阳降落的方向一致

深色的石块被堆到一边

这个图案被认为是一只蜂鸟。还有其他一些常见的动物被描绘成纳斯卡线条，比如鲸和猴子。

## 神秘的线条

　　纳斯卡人在沙漠中创造的巨型图案有几何图形和线条，也有动物、花鸟和树的图案。这些图案是怎样显现出来的呢？原来纳斯卡人将沙漠表层红色岩层的粗糙表面挖掉，露出了下面的浅色土层，从而形成了线条。在干燥的环境下，这些线条保存了许多个世纪。那么，这些图案又是怎么设计出来的呢？现在的研究认为可能是他们站在了附近的小山丘顶部，向下俯视勘测地形后设计的。尽管纳斯卡线条在几百年前就已经被发现了，但它们的用途仍是一个未解之谜。有的人甚至宣称，它们是用来给宇宙飞船中的外星人导航的。

# 你知道吗？

① 纳斯卡线条覆盖了纳斯卡沙漠中 500 平方公里的区域，纳斯卡沙漠是世界上最干旱的地区之一。

② 在挖刻这些线条时，沙漠表层下面含有大量石灰的土层暴露了出来。这些石灰在太阳热能的作用下变得更为坚硬，使得这些线条保存了下来。

③ 纳斯卡线条中最大的一个图案有 200 米宽。几个世纪以来，人们都认为只有在空中才能看清楚这些图案，但事实上，在附近的小山顶上就能很清楚地看到它们。

④ 纳斯卡线条是用一些很简单的工具挖刻而成的，比如木桩。

**几何图形** 点、线、面、体或它们的组合。

**勘测地形** 勘察、测量地貌和地物。

# 古代美洲人的交通工具

  与其他古代文明不同，阿兹特克人、印加人和玛雅人并没有发展出采用轮子的交通工具。事实上，在山区或森林地带，使用轮子的交通工具也没有多大用处。他们也没有马。古代美洲人大部分的行程是靠步行或坐船完成的，特别是横跨湖泊或是围绕海岸的行程。

  玛雅人和阿兹特克人将树干挖空，做成独木舟。阿兹特克帝国首都特诺奇蒂特兰城是个岛上城市，它拥有纵横交错的运河，每条运河上都挤满了独木舟。每家每户都将独木舟停泊在房屋后面。

在现在的玻利维亚高山地区，芦苇船被称为轻木筏，至今依旧用于的的喀喀湖上航行。

印加人利用美洲驼运输货物，用驼毛编织成衣服和毯子。

## 富有地域特色的交通工具

因为缺乏木材，船通常是用生长在湖边的芦苇做成的。将芦苇修剪后，紧紧地捆绑成一束，再将一束一束的芦苇系在一起，做成一只船。芦苇船轻便牢固。它们的头尾两端都做成了弧形，便于它们在水中航行。美洲驼是另一种交通工具。印加人用美洲驼在陡峭的山坡上运输货物。

# 你知道吗？

① 比较大的芦苇船长达 6 米。它们有木头桅杆和芦苇帆。

② 1947 年挪威人托尔·海尔达尔根据印加人的设计，建造了一艘芦苇筏，乘坐它穿越了太平洋。他相信，古代南美洲人与一些居住在南太平洋小岛上的人有贸易往来。

③ 尽管阿兹特克人的交通工具上没有轮子，但是他们给孩子的玩具上却有轮子。

④ 印加人非常珍视美洲驼，他们不吃驼肉。

运 河　人工开凿的水道。

独木舟　用一根木头制成的船。

# 印加帝国的
# 道路和桥梁

印加帝国的中心是帝国的都城库斯科。帝国的每条道路都直通库斯科。奇怪的是，作为一个从来不使用轮式工具的民族，印加人却建立了四通八达的道路系统。他们是修建道路的大师，利用他们掌握的技术，在陡峭的山坡上筑路，在深谷上造桥。

平缓山坡上的印加道路采用的是浅阶梯；在更为陡峭的斜坡上，道路呈"之"字形盘桓而上。

## 交通网络

印加帝国有两个主要的道路系统，自北向南贯通全国。科斯塔道沿太平洋海岸而行，长达 4000 公里。在内陆，雷亚尔道（或称为皇家大道）从厄瓜多尔南部起，穿越安第斯山，途经库斯科，直达阿根廷。这两个道路系统由一些较小的道路连接起来。信使接力奔跑，传递送往库斯科、或者发自库斯科的重要的信息。印加军队也通过这些道路向帝国的偏远地区行军。普通人不能使用这些道路。在峡谷地带，地面中断无法通行，印加人就用绳子建造悬索桥。

印加道路跨越深谷的办法是建造悬索桥，悬索桥的缆绳是用植物纤维搓成的。

# 你知道吗？

① 雷亚尔道是用石块铺成的，而沿海的路是用黏土砖铺成的。

② 沿海的路最宽可达 5 米。山区的路相对狭窄一些，它的路线是由地貌的轮廓决定的。

③ 通过接力，皇家信使一天可以奔跑 320 公里。

④ 在陡峭的山坡上，道路呈"之"字形向前或通过石阶向上。

⑤ 印加人把树枝编织在缆绳之间，以此形成了桥。再用两根缆绳做成护栏。

⑥ 雷亚尔道上有一座跨越阿普里马克峡谷的桥梁，峡谷下面是一条河，桥梁修建在离河面 36 米的高空上。

**悬索桥**　吊桥。

**缆　绳**　许多股橡、麻、金属丝等拧成的粗绳。

# 古代美洲人的天文学

玛雅人认为他们所敬奉的神灵居住在天上。他们观测天象，进行解释，并根据这种解释来安排自己的生活。他们的天文学家计算出了天体活动的周期。阿兹特克人和印加人也非常热衷于天文知识。在他们的祭典和仪式中，太阳和月亮具有重要的作用。

玛雅人利用太阳和月亮的周期预测未来。祭司告诉统治者行动的最佳时机，比如何时开战。玛雅人也研究行星，特别是金星和火星。他们拥有古代美洲最先进的历法。

奇琴伊查天文台用于研究天象，它的构造和方位与金星的运转轨迹一致。

## 和太阳的方向对齐

　　像玛雅人一样，阿兹特克人将神庙和金字塔与夏至点和冬至点对齐。印加人还计算出了夏至和冬至的时间，这有助于他们知晓该何时开始种植农作物。

马丘比丘是印加帝国的"神圣之城"。祭司在这里举行祭祀典礼，祈祷太阳停留在它正确的位置。

# 你知道吗？

① 阿兹特克人规划了特诺奇蒂特兰城里主要金字塔的位置，以使得在春分日（3月21日），太阳光可以照射过这些金字塔的间隙。

② 玛雅人计算出太阴历的一个月份有 29.5302 天，而现代科技计算出它精确的天数是 29.53059 天，误差已经非常微小。

③ 玛雅人能预测发生日食的时间，但不能预测出在哪里可以观测到日食。

④ 马丘比丘的拴日柱可标明春分和秋分。在 3月21日和9月23日，太阳会位于石柱的正上方，几乎不投射下任何的阴影。

| | |
|---|---|
| 天　象 | 天空中风、云等变化的现象。 |
| 太阴历 | 即阴历，以月亮的月相周期进行计算的一种历法。 |
| 拴日柱 | 以一块巨石雕像琢成的日晷。 |

# 古代美洲人的时间观念

　　玛雅历法是玛雅人最著名的创造。在 2012 年 12 月，玛雅历法吸引了全世界的注意。人们等待着，看世界末日会不会在 12 月 21 日来临。因为这一天是玛雅历法周期的终结日。阿兹特克人采用了玛雅历法，但用阿兹特克名字重新给日期和月份进行了命名。

这块石头上雕刻的是玛雅历法中的"长计历"。

在这个"太阳历"的雕刻中，玛雅人的"时间之神"被月份的名字围绕着。

## 复杂的历法

一共有三部玛雅历法。第一部历法建立在一个圣年共 260 天的基础上。它同时使用两套不同的星期计算法：一个是根据数字编号的星期，每个星期 13 天；另一个是根据名称编号的星期，每个星期 20 天。第二部历法建立在太阳年的基础上，这是农民使用的历法。它共有 18 个月，每个月 20 天，再加上 5 天的禁忌日，一年共 365 天。第三部历法叫做"长计历"，是由周期组成的。最长的一个周期叫做"阿托盾"，共 230 亿又 4 千万天。玛雅人和阿兹特克人都害怕周期的终结，认为它会是一个不幸的时刻。

# 你知道吗？

① 玛雅人认为出生在禁忌日的人是邪恶的。

② 玛雅历法的第一天是公元前 3114 年 8 月 13 日，没有人知道他们为什么选择了这个日子。

③ 玛雅人和阿兹特克人认为周期是循环反复的。

④ "圣年历"有两个轮盘，一个轮盘上有 13 个日数（代表星期几的数字），另一个上面有 20 个日名（代表星期几的名字）。这两个轮盘转动后，匹配出一个数字，对应一个日期。一个完整的周期有 260 天。

⑤ 当一个周期终结时，阿兹特克人会将所有的火把熄灭，杀死一个人作为献祭品。献祭品的心脏被取走，祭司在他空空如也的胸膛里点燃火把，这个火把将用来重新燃起其他火把。

世界末日　宗教预言与神话中的世界末日，主要是指地球文明的终结。科学上所谓的世界末日，指宇宙系统的崩溃或人类社会的灭亡。

禁忌日　不吉利的日子。

# 古代美洲人的文字

玛雅人和阿兹特克人都发展出了一套文字系统，他们使用的是象形文字，和古埃及人的象形文字有点类似。这些象形文字刻写在石头上，或者用来书写公文。玛雅人和阿兹特克人都设计了二十进制的计数法。印加人没有发展出文字体系。他们用"奇普"来记录事件，也称为结绳记事。

玛雅文字有大约 850 个象形字符，要读懂它们很困难。每一个符号都代表了一个字，或者是一个字的一部分，也可以代表一个观念，或者是一个发音。玛雅人在

在一根主绳上，系着一根根各自打了结的绳子，形成了一个完整的记录。但是今天已经没有人能够读懂这些结绳究竟记录了什么样的事情。

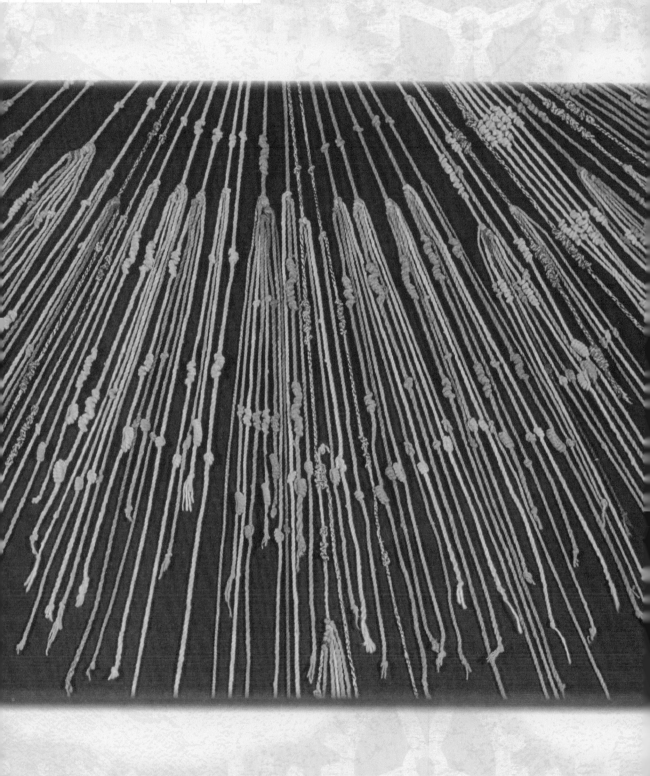

石头上刻字，也在被称为"写本"的书本上写字。阿兹特克人也使用象形文字，但只有少数人能阅读。玛雅人和阿兹特克人都使用符号来表示数字。

雕刻在石头上的玛雅文字具有宗教用途，记录重要的日期和事件。

## 印加人的"奇普"

印加人的"奇普"是由许多不同粗细、不同颜色的细绳编结成的。根据每个绳结的样式、颜色和绳子的位置不同，记录的信息也不一样。

# 你知道吗？

1. "写本"的纸是用龙舌兰和仙人掌的植物纤维做成的。他们将纸张折叠好后，用动物皮包装起来。

2. 玛雅人用动物毛发制成精致的毛笔，用毛笔在"写本"上书写。他们将墨水盛放在切成两半的海螺壳里。现在一共保存下来四部玛雅人的"写本"。

3. "奇普"是用来记录税收、人口数量和商业交易情况的。

4. "奇普"由受过专门训练的会计师制作和阅读。有些"奇普"上有2000多根绳子。

5. 为了表示某样东西距离很远，阿兹特克人会在页面顶端画一个图像符号。

6. 玛雅的数字符号分成三行排列。

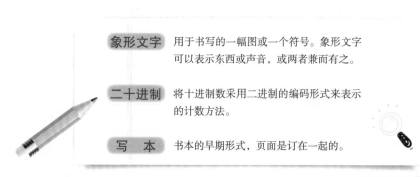

象形文字　用于书写的一幅图或一个符号。象形文字可以表示东西或声音，或两者兼而有之。

二十进制　将十进制数采用二进制的编码形式来表示的计数方法。

写　本　书本的早期形式，页面是订在一起的。

# 古代美洲人如何制造金属物品？

当西班牙征服者到达印加帝国的首都库斯科时，他们不能相信自己的眼睛，随处可见的金器和银器令他们目不暇接。古代秘鲁人早在3000年前就开始制造黄金物品。秘鲁北部的莫切人可能是美洲最早铸造金属的民族，这是大约公元100年的时候。

秘鲁拥有丰富的金、银资源。人们通过在托盘里筛河砾石来提取金属。颗粒状的金属很容易分辨出来。印加人也开挖一些埋藏较浅的矿藏。

## 技术传播

莫切人是技术熟练的金属工匠。他们将金属液体倒入模具，铸造成物品。这项

这个黄金小铸像是印加人铸造的。在库斯科，印加人将金和银铸造的玉米穗轴"种植"在菜园里。

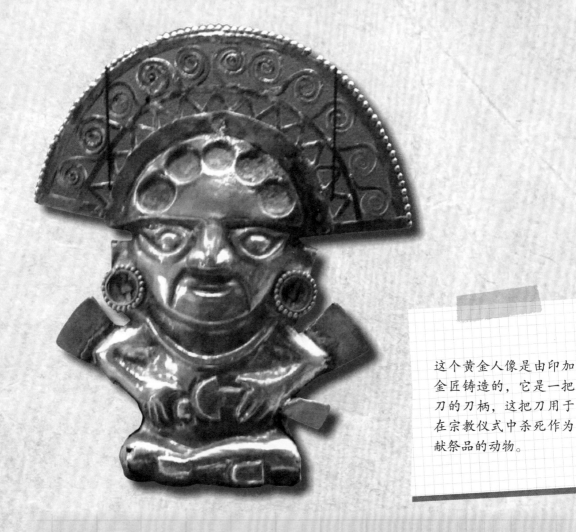

这个黄金人像是由印加金匠铸造的，它是一把刀的刀柄，这把刀用于在宗教仪式中杀死作为献祭品的动物。

技术一路向北传播，在大约公元 900 年，传到了中美洲地区。

## 黄金工匠

金匠是阿兹特克社会中非常重要的人。他们用"失蜡铸造"法铸造物品。先用蜡制作一个模型，然后用一个黏土模具把它包起来。等到黏土变硬后，将熔化的黄金倒入模具中。模型上的蜡全部熔化并流失，而它留下的空间则被黄金填满。当黄金冷却了，再把黏土模具打开，就能获得黄金制品。

印加人会铸造黄金制品，同时也会运用冷加工技术。他们将黄金敲打成薄片，然后将金片做成需要的形状，焊接在一起，就能做成空心的容器。

# 你知道吗？

① 莫切人发明了镀金的方法，就是在铜器上添加薄薄的一层黄金。他们用酸溶解黄金，然后把铜器放入黄金的酸溶液里。黄金会覆盖在铜器的表面，然后通过加热，使其永久凝固在上面。

② 印加人把黄金称为"太阳的汗水"，把白银称为"月亮的眼泪"。

③ 印加和中美洲的金属工匠使用金、银、铜，还有少量锡、铅和铂。他们不使用铁。

④ 目前已知世界上最早的黄金物品是大约 3000 年前在秘鲁制作的。

⑤ 印加人在正面有洞的黏土熔炉里熔炼金属，这些洞能确保空气源源不断流通，使熔炉里燃烧的温度持续提高，直到足以熔化金属。

**铸　造**　把熔化的金属倒入模具中，做出金属物品。

**"失蜡铸造"法**　是一种制作金属物品的方法。将一个用蜡做的物品模型放入一个黏土模具里，倒入金属液体后，蜡就熔化并流失了，等金属冷却、变硬后，金属物品就做好了。

**熔　炉**　温度非常高的炉子，用于烧制黏土或熔化金属。

# 古代美洲人的兵器和战争

  阿兹特克人、印加人和玛雅人都是好战的民族。武士是他们的社会精英。这些帝国通过与他们的邻邦交战，扩大自己的领土。发动战争的另一个重要理由是为了俘获战俘，作为取悦神灵的活人献祭品。

  那时，所有的男性从 17 岁开始就要在军队服役。他们使用的兵器是棍棒和长矛。长矛的矛尖是用黑曜石（阿兹特克）或青铜（印加）做的。印加人用兽皮或木头制成的弹弓来投掷岩石。他们也使用流星锤。流星锤是在皮带的末端系上一块石头做成的。把流星锤投向敌人时，在石头的作用下，皮带会缠绕住敌人的腿，将他绊倒。

大约在公元600年，居
住在墨西哥的萨巴特克
人用黏土制作了这个武
士模型。

这座雕像描绘的是一个戴着用羽毛装饰的头盔的玛雅武士，而羽毛是地位的象征。

## 盔甲和盾牌

武士们穿着填充了棉花的束腰外衣和木制盔甲。大部分的盾牌和头盔是木制的，但阿兹特克人用美洲虎的皮和颜色鲜艳的羽毛制作盾牌。

# 你知道吗？

1. 阿兹特克武士手持的"马夸威特"是一种木制的战棍。"马夸威特"长76厘米，两侧的木槽里镶嵌着黑曜石刀片。

2. 梭镖投射器能够将长矛投掷到超过100米远的地方。它用一根木杆做成，木杆的一端装着把手，另一端有一个圆孔，可以将长矛把柄的一段插在里面。

3. 古代美洲人会用燧石做成锋利的刀。

4. 印加人和阿兹特克人的军队尽管训练有素，且人数众多，但还是被数量不多的西班牙人轻易打败了。因为入侵者拥有火枪、钢剑和战马，这些都是印加人和阿兹特克人从未见过的。

**黑曜石** 一种常见的黑色宝石、火山晶体，是一种自然形成的二氧化硅。

**青　铜** 金属冶铸史上最早的合金，在纯铜（红铜）中加入锡或铅。

# 古代美洲人的医术

在中美洲和安第斯山脉，人们认为，如果他们做了什么惹怒神灵的事情，神灵就会让他们生病。尽管医治者会向神灵请求帮助，但他们也知晓了许多关于人体如何运转的生理知识。他们用药用植物治疗各种疾病。巫术、祭献供品取悦神灵和药物治疗等方法常常在治疗中混杂出现。

阿兹特克人和印加人在做外科手术时，使用的刀是用燧石或黑曜石制作的。他们用人的头发或植物纤维来缝合伤口，使用的针是用骨头做的。印加的外科医生会在病人颅骨上钻孔，以减轻头痛。如果必要的话，他们还会对病人进行截肢手术。

这幅20世纪的图画描绘的是阿兹特克人的女神伊什古伊娜。阿兹特克人相信她会在妇女分娩的时候照顾她们。

在这幅16世纪的图像上，一个阿兹特克接生婆正在用草药帮助一个刚生完孩子的妇女恢复身体。

## 药物和预防

　　阿兹特克人用植物作为药物。他们认为烟草能让头脑变清醒，古柯叶能减轻疼痛。他们在专门的植物园里种植药用植物。阿兹特克人很注意口腔卫生。吃完东西后，他们会用水漱口，用植物的刺作为牙签剔牙。

# 你知道吗？

1. 阿兹特克医生通过将断肢的骨头连接起来的方法修复断肢。他们用植物的根做成膏药，敷在断肢接口处，将肢体固定在木夹板中，并用绳索绑牢。

2. 他们用木炭和盐水去除牙垢，或者用明矾、盐、辣椒和胭脂虫的混合物去除牙垢。

3. 印加人通过咀嚼古柯树叶来减轻高原反应。

4. 奎宁（又称金鸡纳霜）来源于秘鲁的一种植物。古代美洲人用它预防和治疗疟疾。今天人们同样用它预防和治疗疟疾。

5. 西班牙征服者带来了天花。当地人对它没有免疫力，几百万人因此丧命。

巫 术　　巫师使用的法术。

燧 石　　岩石，主要成分是二氧化硅，黄褐色或灰黑色，断口呈贝壳状，坚硬致密，敲击时能迸发火星，古代用来取火或做箭头。

# 古代美洲人的纺织品

南美洲有一些世界上最早、也是最精美的纺织品。公元前 900 年至公元 400 年之间，在安第斯山脉居住着帕拉卡斯人，他们会在衣服上编织复杂的图案。在帕拉卡斯人之后兴起的印加人，将纺织品视为他们最贵重的财产，甚至比黄金还珍贵。

帕拉卡斯人织布用的是美洲驼和羊驼的驼毛，还有植物的纤维，比如棉花。编织在衣服上的图案，有助于维护部落的宗教信仰。有些纺织品长达 35 米，制作它们需要很多的工人。

一个印加人的后裔正在用一台背带式织布机纺织一块五颜六色的织布。这些长的线叫做经线。

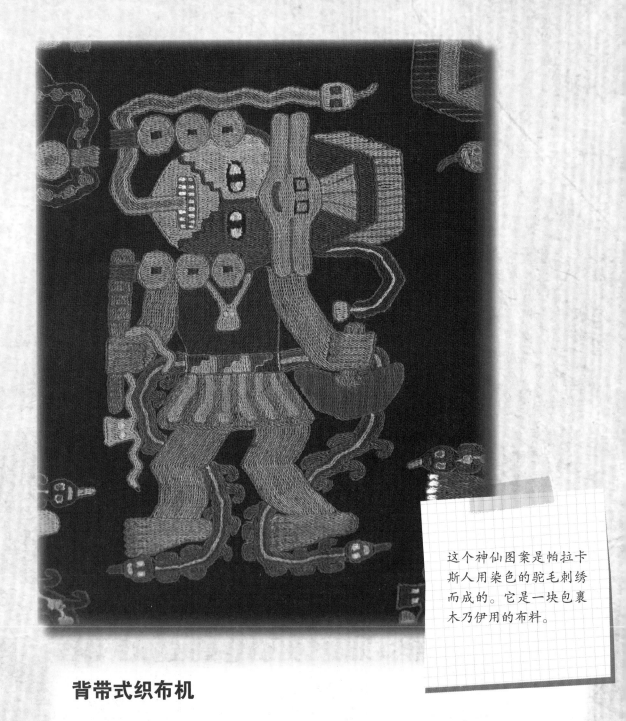

这个神仙图案是帕拉卡斯人用染色的驼毛刺绣而成的。它是一块包裹木乃伊用的布料。

## 背带式织布机

　　居住在安第斯山脉的人用背带式织布机织布。他们将一根木棒悬挂在一棵树或者一个木杆上，将经线的一端系在木棒上。经线的另一端捆绑在纺织者的背部。纺织者将纬线穿过经线的时候，身体向后倾斜，这样纱线就织紧了。

# 你知道吗？

① 在帕拉卡斯，人们将衣服染成明亮的颜色，比如靛蓝色（蓝色）和粉红色。

② 帕拉卡斯人的衣服上经常有大量的刺绣。它用来在死者下葬前包裹住他的尸体。有一个古代秘鲁贵族的坟墓里陪葬了 135 公斤的棉花。

③ 胭脂虫是一种生长在仙人掌上的红色甲虫，古代美洲人用它来制作红色染料。7000 只胭脂虫才能制作出 500 克的染料。

④ 美洲驼和羊驼的驼毛富有光泽，但最好的驼毛还是来自于它们的亲戚——野生的驼马，也叫小羊驼。

**经 线**　经纱或编织品上的纵线。

**纬 线**　纬纱或编织品上的横线。

**刺 绣**　用有颜色的线在一块布上缝制一个图案。

# 古代美洲人如何制作陶器？

中美洲人和印加人是技术熟练的制陶匠，但他们并不使用陶轮，也不使用窑烧制陶器。每件陶器的形状都是用手捏制而成的。他们运用各种技术，将陶器装饰得非常精美。最好的陶器制品，要么用在宗教仪式中，要么专门供富人使用。

安第斯山脉和中美洲的人们不用陶轮制作陶器，他们有的用黏土条盘绕成陶器的形状，有的把黏土放进模具中塑成陶器形状，还有的将黏土块雕刻成陶器形状。中美洲的制陶工人经常制作上釉的陶器。他们在烧制陶器前，先用半流体的黏土将其表面装饰好。这种半流体的黏土叫做泥釉。他们用各种不同颜色的泥釉来装饰陶器。早期美洲人不使用窑，他们在露天的火堆里烧制陶器。他们通过控制陶器烧制过程中所获得的氧气多少，来制作一种黑釉陶器。

制作"明布雷斯"陶器的工人将植物和岩石压碎，做成颜料。他们用羽毛和细树枝制作笔刷。

莫切人制作"肖像容器"，描绘的是人或神的样子。也有描绘动物外形的容器。

## 富有特色的陶器

居住在秘鲁北部的莫切人制作的陶器，是现存最富有特色的陶器之一。他们把陶器的外形做成人和动物的样子。这种陶器具有 U 字形的马蹬式壶嘴。从 9 世纪起，居住在今美国亚利桑那州和新墨西哥州的莫戈隆人制作出一种特别的黑白相间的陶器，叫做"明布雷斯"。它的表面装饰着复杂的几何图案，非常独特。

# 你知道吗？

1. 印加人用模具做一些基本的陶器器皿，比如盛香油的油罐。这种油罐的底是圆锥形的，颈部是长喇叭形的，两边装有把手。

2. 大部分的印加陶器都是亮红色的，装饰着红色、白色和黑色的几何图案。

3. 古代美洲人用空管子将两个容器连接起来，做成一个鸣哨水罐。当水从一个容器里流入时，另一个容器里的空气伴随着一声哨声排出。一些鸣哨水罐做成了绿咬鹃的样子，绿咬鹃是阿兹特克人和印加人的圣鸟。

4. 玛雅人在陶器上涂抹一种有颜色的石膏，这种石膏叫做灰泥。

5. "明布雷斯"陶器常常用作死者的陪葬品。下葬前，他们会在陶器的底部穿个孔，表示"杀死"了它。

| | |
|---|---|
| **陶 轮** | 制陶器时所用的转轮。 |
| **窑** | 烧制陶器或砖块的炉子。 |
| **泥 釉** | 一层液体的黏土，用于装饰陶器。 |

# 时间轴

| 古代美洲 | 古代中国 |
|---|---|
| **约公元前 3114 年** 玛雅历法开始于 8 月 13 日。 | |
| **约公元前 3000 年** 美洲人最早在位于现在的哥伦比亚和厄瓜多尔开始制作陶器。 | **约公元前 3000 年起** 湖北屈家岭文化出现薄如蛋壳的小型彩陶。 |
| **约公元前 1200 年** 墨西哥的奥尔梅克文明兴起。 | **约公元前 1200 年起** 西汉中晚期已用石灰和泥沙涂抹墙壁，有用陶管套接的地下排水系统。 |
| **约公元前 900 年** 奥尔梅克人在拉文塔建造了美洲第一座金字塔。 | **约公元前 900 年** 齐献公迁都临淄，齐国都城分为"宫殿区"小城和平民活动的大城。 |
| | **约公元前 827 年** 周宣王废除奴隶在公田耕作、所得上交的制度，改为按人头征税。 |
| **约公元前 800 年** 秘鲁的帕拉卡斯文明兴起，它以纺织品而闻名。 | |
| **约公元前 300 年** 早期玛雅文明在中美洲兴起。 | **约公元前 296 年** 赵灭中山国，中山王陵中出土了两壶酒，是现有最早酒类实物。 |

约公元前 300 年 一个不知名的民族开始在墨西哥中部建造伟大的城市——特奥蒂瓦坎。

约公元前 286 年 思想家、文学家庄子卒，他认为道是无限的，强调事物的自生自化。

约公元前 100 年 帕拉卡斯文明消失。

约公元前 100 年 汉朝"丝绸之路"繁华，促进了中西经济和文化交流。

公元 100 年 墨西哥的奥尔梅克文明衰落。
秘鲁北部的莫切人开始铸造金属。

公元 103 年 制成有赤经环装置的黄道仪。

公元 105 年 蔡伦研究出以树皮、麻头、破布造纸的新方法，完成造纸史上的一大革新，使纸能广泛用于书写。

约公元 400 年 秘鲁的纳斯卡人开始在沙漠里描绘巨型图像。

约公元 399 年 约成书于本世纪的《孙子算经》已提出剩余定理。

约公元 500 年 玛雅人建造提卡尔城，城里有很多高大的金字塔。

公元 500 年 齐科学家祖冲之卒，他推算出圆周率的值在 3.1415926 和 3.1415927 之间。

约公元 600 年 玛雅文明到达鼎盛时期。
不知为何原因，特奥蒂瓦坎城被废弃了。
美洲人在今美国密苏里州建立了卡霍基亚。

公元 605 年 隋炀帝重修雅乐，共 104 曲，并应用了八声音阶。

85

约公元 850 年　玛雅文明开始衰落。

公元 899 年　玛雅人放弃了提卡尔城。

公元 899 年　《南诏画卷》绘成，是中国古代少数民族绘画珍品。

约公元 900 年　普韦布洛人在查科峡谷用土坯建造公共住宅。铸造技术传播到中美洲。

公元 906 年　我国在唐朝时已开始人工种植香菇。

约公元 1000 年　莫戈隆文明发展到古典阶段，他们制作富有特色的黑白相间的"明布雷斯"陶器。

公元 1007 年　宋昌南镇在景德年间烧瓷入贡，所以改名为景德镇。

约公元 1070 年　纳齐兹人在密西西比建造大蛇丘。

公元 1072 年　宋文学家欧阳修卒，他曾著《六一诗话》，是最早的诗话著作。

约公元 1100 年　墨西哥的托尔特克人兴起，他们在图拉建造了首都。在鼎盛时期，卡霍基亚在密西西比拥有 100 个土丘。阿萨纳齐人在梅萨维德和谢伊峡谷建造悬崖上的房子。

公元 1101 年　宋代已出现水球运动。宋文学家、书画家苏轼卒。

约公元 1200 年　阿兹特克人从墨西哥北部偏远地区迁移到墨西哥中部。第一位印加国王——曼可·卡巴克，在安第斯山脉的库斯科建立了印加帝国。

约公元 1200 年　宋理学家、教育家朱熹卒，他是中国封建社会后期影响最大的思想家。

1325 年　阿兹特克人日渐强盛，他们在一条浅水湖的中央，建立了首都——特诺奇蒂特兰城。

1438 年　印加人在一个偏远的山顶上，建造了马丘比丘圣城。

1470 年　印加帝国征服了邻近的奇穆文明。

1492 年　克里斯托弗·哥伦布横渡大西洋，在加勒比海上的伊斯帕尼奥拉岛登陆，标志着欧洲人开始与美洲人建立联系。

1498 年　哥伦布登上美洲大陆。

1517 年　第一批西班牙人在墨西哥尤卡坦半岛登陆。他们将诸如天花这样的疾病传播进来，对此当地人没有免疫力。不到一个世纪，这些疾病就令中美洲的人口遭到毁灭性打击。

1519 年　埃尔南·科尔斯特在墨西哥着陆，开始征服阿兹特克帝国。

1521 年　科尔斯特摧毁了阿兹特克帝国的首都特诺奇蒂特兰城。它后来重建为现在的墨西哥城。

1324 年　文学家卢以纬著成我国最早研究虚词用法的语言学专著《语助》。

1433 年　郑和七下西洋结束。

1471 年　中国制瓷技术传往欧洲。

1492 年　明孝宗下诏收集整理民间遗漏的书籍。

1499 年　阿拉伯算法铺地锦传入中国。

1518 年　明钦天监推算日食、月食屡屡不准，要求修改历法。

1521 年　四川乐山凿成第一口石油竖井，深数百米。
正德末嘉靖初，徽商开始兴起，在明清经济文化交流中起着重要作用。

图书在版编目（ＣＩＰ）数据

神秘的玛雅：美洲 / (美) 萨缪尔斯著；张洁译. -- 上海：中国中福会出版社, 2015.11
（探秘古代科学技术）
ISBN 978-7-5072-2146-6

Ⅰ.①神… Ⅱ.①萨… ②张… Ⅲ.①科学技术 – 技
术史 – 美洲 – 青少年读物 Ⅳ.①N097-49

中国版本图书馆CIP数据核字(2015)第267732号

版权登记：图字 09-2015-816

©2015 Brown Bear Books Ltd

探秘古代科学技术
## 神秘的玛雅·美洲

【美】查理·萨缪尔斯 著　　　张　洁 译

责任编辑：凌春蓉
美术编辑：钦吟之

出版发行：中国中福会出版社
社　　址：上海市常熟路157号
邮政编码：200031
电　　话：021-64373790
传　　真：021-64373790
经　　销：全国新华书店
印　　制：上海昌鑫龙印务有限公司
开　　本：787mm×1092mm 1/16
印　　张：5.5
版　　次：2016年1月第 1 版
印　　次：2016年1月第 1 次印刷

ISBN 978-7-5072-2146-6/N · 5　　　定价 22.00元